> Faszination Konstruktion –
Berufsbild und Tätigkeitsfeld
im Wandel

Empfehlungen zur Ausbildung
qualifizierter Fachkräfte in Deutschland

acatech (Hrsg.)

# acatech POSITION
September 2012

**Herausgeber:**
acatech – Deutsche Akademie der Technikwissenschaften, 2012

| | | |
|---|---|---|
| Geschäftsstelle | Hauptstadtbüro | Brüssel-Büro |
| Residenz München | Unter den Linden 14 | Rue du Commerce/Handelsstraat 31 |
| Hofgartenstrasse 2 | 10117 Berlin | 1000 Brüssel |
| 80539 München | | |
| | | |
| T +49 (0)89/5203090 | T +49 (0)30/206309610 | T +32 (0)25046060 |
| F +49 (0)89/5203099 | F +49 (0)30/206309611 | F +32 (0)25046069 |

E-Mail: info@acatech.de
Internet: www.acatech.de


**Empfohlene Zitierweise:**
acatech (Hrsg.): *Faszination Konstruktion – Berufsbild und Tätigkeitsfeld im Wandel* (acatech POSITION), Heidelberg u. a.: Springer Verlag 2012.

ISSN: 2192-6166 / ISBN 978-3-642-31930-3 / ISBN 978-3-642-31931-0 (eBook)
DOI 10.1007/978-3-642-31931-0

Bibliografische Information der Deutschen Nationalbibliothek
Die Deutsche Nationalbibliothek verzeichnet diese Publikation in der Deutschen Nationalbibliografie;
detaillierte bibliografische Daten sind im Internet unter http://dnb.d-nb.de abrufbar.

Springer Vieweg
© Springer-Verlag Berlin Heidelberg 2012

Das Werk einschließlich aller seiner Teile ist urheberrechtlich geschützt. Jede Verwertung,
die nicht ausdrücklich vom Urheberrechtsgesetz zugelassen ist, bedarf der vorherigen Zustimmung
des Verlags. Das gilt insbesondere für Vervielfältigungen, Bearbeitungen, Übersetzungen,
Mikroverfilmungen und die Einspeicherung und Verarbeitung in elektronischen Systemen.
Die Wiedergabe von Gebrauchsnamen, Handelsnamen, Warenbezeichnungen usw. in diesem Werk
berechtigt auch ohne besondere Kennzeichnung nicht zu der Annahme, dass solche Namen im Sinne
der Warenzeichen- und Markenschutz-Gesetzgebung als frei zu betrachten wären und daher
von jedermann benutzt werden dürften.

Koordination: Dr. Mandy Pastohr
Redaktion: Linda Tönskötter
Layout-Konzeption: acatech
Konvertierung und Satz: work:*at*:book / Martin Eberhardt, Berlin

Gedruckt auf säurefreiem und chlorfrei gebleichtem Papier

Springer Vieweg ist eine Marke von Springer DE.
Springer DE ist Teil der Fachverlagsgruppe Springer Science+Business Media
www.springer-vieweg.de

# > INHALT

| | |
|---|---:|
| KURZFASSUNG | 4 |
| PROJEKT | 7 |
| 1 EINLEITUNG | 9 |
| 2 SIEBEN THESEN ZUR KONSTRUKTEURSAUSBILDUNG UND ZUM BERUF DES KONSTRUKTEURS | 10 |
| 3 EMPFEHLUNGEN | 13 |
| LITERATUR UND INTERNETQUELLEN | 20 |

# KURZFASSUNG

Die folgenden Thesen und Handlungsempfehlungen sind Ergebnis des Projekts *Konstrukteur 2020*. Sie werden in dieser Veröffentlichung kompakt dargestellt. Ausführliche Hinweise zu den im Projekt durchgeführten Untersuchungen einschließlich angewandter Methoden, Untersuchungsergebnisse und deren Repräsentativität sind in der acatech STUDIE „Faszination Konstruktion – Berufsbild und Tätigkeitsfeld im Wandel"[1] nachzulesen.

### Der Konstrukteur – heute und morgen
Der Konstrukteur[2] von heute ist ein Entwickler, Treiber und Gestalter im Entstehungsprozess neuer Produkte. Er denkt – unter Berücksichtigung sämtlicher Phasen des Produktlebenszyklus – die neuen Produkte im Unternehmen vor und erstellt die Dokumentation zu ihrer Herstellung. Damit beeinflusst er in direkter Weise den Unternehmenserfolg produzierender Unternehmen. Hierfür braucht es einen kreativen Menschen, der sich fortwährend mit neuen Materialien und Technologien auseinandersetzt. Er muss neben klassischem Konstruktions-Know-how wie Kenntnissen zu Maschinenelementen und Materialien, zu Funktionsgruppen, Fertigungs- und Montagetechnik, zu Konstruktionsmethodik, Lösungsfindungssystematik und räumlichem Vorstellungsvermögen zunehmend auch Informatik- und Programmierkenntnisse sowie Kenntnisse über Elektrotechnik und Mechatronik mitbringen. Das Konstruieren von Systemen geschieht unter Verknüpfung all dieser Kenntnisse. Die Komplexität moderner Produkte erfordert von Konstrukteuren aber auch nicht-maschinenbautypische Tätigkeiten wie Produkt- und Projektmanagement. Dieser Trend wird sich in Zukunft weiter verstärken. Der Konstrukteur von morgen muss daher auch ein Manager sein, der Projekte im Team, aber auch selbstständig plant, steuert und kontrolliert. Ressourcenschonung und Nachhaltigkeit werden seine Arbeit immer mehr bestimmen. Der Konstrukteur von morgen muss stets das Ganze – Produkt, System, Umfeld, neue Lösungsmöglichkeiten, Wettbewerb, Wirtschaft und Gesellschaft – im Blick haben, ein analytischer, systematischer Denker sein und Kreativität, Kommunikations- und Problemlösungsfähigkeit mitbringen. Hierfür empfiehlt sich eine wissenschaftliche Qualifizierung – zum Beispiel zum Systemkonstrukteur.

### Berufsbezeichnung und Berufsbild
Die konkreten Tätigkeiten eines heutigen Konstrukteurs hängen vom jeweiligen Unternehmen, seiner Struktur und Größe, vom Grad der Komplexität des zu erstellenden Produkts und vom Qualifikationsprofil der Mitarbeiter ab. Die Übergänge zwischen Konstruktion und Entwicklung sind oftmals fließend, die Schnittstellen sind – sofern vorhanden – unterschiedlich gesetzt. Wer im Unternehmen alles an der Konstruktion eines Produkts beteiligt ist, ist nicht klar zu erfassen. Das sind nicht nur „Konstrukteure", „Systemkonstrukteure", „Detailkonstrukteure", sondern auch „Technische Produktdesigner oder Systemplaner" (ehemals Technische Zeichner), „Produktdesigner", „Berechnungsingenieure" und „Versuchsingenieure". Das Berufsbild des Konstrukteurs ist also keineswegs scharf und eindeutig umrissen. Hinzu kommt, dass die Berufsbezeichnung Konstrukteur in Deutschland nicht geschützt ist, das heißt, sie kann ohne Nachweis spezieller Fachkompetenzen und ohne einen bestimmten Ausbildungsabschluss geführt werden. Entsprechend vielfältig sind die möglichen Bildungswege – von dualen Berufsausbildungen über berufliche Fortbildungen bis hin zum Studium an einer Universität, Fachhochschule oder Berufsakademie.

### Öffentliche Wahrnehmung
Die Breite der Qualifizierung und die Vielfalt der beruflichen Tätigkeit eines Konstrukteurs sind in der Öffentlichkeit kaum bekannt. Zwar genießen Konstrukteure in Einzelfällen – etwa im Rennsport – ein hohes Ansehen. Im Alltag

---

[1] Vgl. Albers et al. 2012.
[2] Die Inhalte der Publikation beziehen sich in gleichem Maße sowohl auf Frauen als auch auf Männer. Aus Gründen der besseren Lesbarkeit wird jedoch die männliche Form (Ingenieur, Konstrukteur) für alle Personenbezeichnungen gewählt. Die weibliche Form wird dabei stets mitgedacht.

stehen sie jedoch oftmals im Schatten ihrer Produkte. In der öffentlichen Wahrnehmung verschwimmen gar die Begriffe Konstrukteur, Maschinenbauer und Ingenieur zu einem diffusen Bild. Es ist daher wenig verwunderlich, dass Schulabgänger und deren Eltern – aber auch Studierende – oftmals keine Vorstellung vom Konstrukteursberuf haben und ihre Berufswahl selten gezielt auf den Konstrukteur fällt.

### Der akademische Weg zum Konstrukteursberuf

Akademisch qualifizierte Konstrukteure haben meist ein Maschinenbaustudium absolviert. Es sind aber auch alternative Studiengänge üblich, beispielsweise Luft- und Raumfahrttechnik, Mechatronik oder Fahrzeugtechnik. Auch wenn nicht alle Hochschulen in solchen Studiengängen eine eigene Vertiefungsrichtung Konstruktion anbieten und die konstruktionsaffinen Lehrinhalte von Studiengang zu Studiengang und von Hochschule zu Hochschule erheblich variieren, werden dort Konstrukteure ausgebildet.

### Karriere als Konstrukteur

Die Konstruktion ist für Berufseinsteiger eine willkommene Position im Unternehmen. Für einen längerfristigen Verbleib versprechen andere Bereiche wie Marketing, Produktion, Betriebsorganisation, Logistik oder Vertrieb aber oftmals mehr Anerkennung, Gehalt oder Aufstiegsoptionen. Bereits jetzt zeichnet sich ein Engpass an Konstrukteuren ab. Es liegt damit aber auch in der Hand der Unternehmen, den Beruf des Konstrukteurs und sich selbst als Arbeitgeber für Konstrukteure attraktiv darzustellen und zu gestalten und einem Konstrukteursmangel entgegenzuwirken – sei es durch Wertschätzung, finanzielle Anreize, systematische Personalentwicklung oder Karriereoptionen wie zum Beispiel eine gelebte Fachkarriere, die entsprechend honoriert wird.

### Zehn Empfehlungen für den Weg zum Konstrukteur 2020

Die deutsche Wirtschaft und ihre Unternehmen werden auch in Zukunft auf die Leistungen hoch qualifizierter Konstrukteure angewiesen sein. Voraussetzungen hierfür sind eine zeitgemäße, zukunftsweisende und erwartungsgerechte Aus- und Weiterbildung von Konstrukteuren, attraktive Arbeitsbedingungen für in- und ausländische Fachkräfte und ein angemessenes Ansehen des Konstrukteursberufs in der Gesellschaft.

acatech empfiehlt daher:

1. Die Berufsbezeichnung Konstrukteur und das Berufsbild müssen geschärft werden. Beispielsweise empfiehlt die Projektgruppe die (Wieder-)Einführung der Berufsbezeichnung „Systemkonstrukteur" mit einer entsprechenden wissenschaftlichen Qualifizierung.

2. Junge Menschen müssen frühzeitig für Technik und Konstruktion begeistert werden.

3. Der Konstruktionsberuf muss stärker beworben, die attraktive Seite des Berufs stärker herausgestellt werden.

4. Die Kommunikation der Hochschulen zu Studienangeboten im Bereich Konstruktion muss verbessert werden.

5. Im Studium sollte besser auf eine Konstruktionstätigkeit vorbereitet werden. Konstruktionsrelevante Kompetenzen, die zur Synthese von Produkten befähigen, müssen stärker ins Zentrum gerückt und die Grundlagenvermittlung verbessert werden. Das Studium sollte aber auch auf ein lebenslanges Lernen vorbereiten und

Studierende dazu befähigen, sich neue Kompetenzbereiche selbstständig zu erschließen.

6. Innovative Lehr- und Lernformate – zum Beispiel Teamprojekte, offene Aufgabenstellungen und kontinuierliche Präsentationsmöglichkeiten für Studenten – sollten im Studium fest verankert werden.

7. Stellenausschreibungen sollten hinsichtlich des erforderlichen Kompetenzprofils mit mehr Bedacht formuliert werden, um mehr potenzielle Bewerber zu erreichen.

8. Unternehmen müssen Konstrukteuren Wertschätzung und Karriereperspektiven geben.

9. Die Kreativität und spezifische Methodenkompetenz eines Konstrukteurs müssen stärker herausgestellt werden. Sie steigern seinen Mehrwert gegenüber Mitbewerbern und Kollegen und damit auch seine Anerkennung.

10. Es müssen neue Weiterbildungsformate für Konstrukteure etabliert werden.

# PROJEKT

Diese Position entstand auf Grundlage der acatech STUDIE *Faszination Konstruktion – Berufsbild und Tätigkeitsfeld im Wandel* (Albers/Denkena/Matthiesen 2012).

## > PROJEKTLEITUNG

- Prof. Dr.-Ing. Dr. h. c. Albert Albers, Leiter des IPEK – Institut für Produktentwicklung am Karlsruher Institut für Technologie (KIT)
- Prof. Dr.-Ing. Berend Denkena, Leiter des IFW – Instituts für Fertigungstechnik und Werkzeugmaschinen an der Leibniz Universität Hannover

## > PROJEKTGRUPPE/-TEAM

- Friedrich Charlin, wissenschaftlicher Mitarbeiter am IFW – Institut für Fertigungstechnik und Werkzeugmaschinen an der Leibniz Universität Hannover
- Barbara Dengler, wissenschaftliche Mitarbeiterin am IFW – Institut für Fertigungstechnik und Werkzeugmaschinen an der Leibniz Universität Hannover
- Joachim Diener, Leiter Nachwuchssicherung RD, Daimler AG
- Philipp Hoppen, wissenschaftlicher Mitarbeiter am IPEK – Institut für Produktentwicklung am Karlsruher Institut für Technologie (KIT)
- Prof. Dr.-Ing. habil. Dr. h. c. Prof. h. c. Helmut Kipphan, Heidelberger Druckmaschinen AG und Karlsruher Institut für Technologie (KIT)
- Prof. Dr.-Ing. habil. Prof. E.h. Edwin Kreuzer, Leiter des Instituts für Mechanik und Meerestechnik, Technische Universität Hamburg-Harburg
- Leif Marxen, Leiter der Forschungsgruppe Entwicklungsmethodik und -management am IPEK – Institut für Produktentwicklung am Karlsruher Institut für Technologie (KIT)
- Prof. Dr.-Ing. Sven Matthiesen, Leiter des Fachgebiets Gerätekonstruktion, IPEK – Institut für Produktentwicklung am Karlsruher Institut für Technologie (KIT)
- Tobias Quaas, Entwicklung Pkw-Rohbau, Daimler AG
- Hannes Schmalenbach, wissenschaftlicher Mitarbeiter am IPEK – Institut für Produktentwicklung am Karlsruher Institut für Technologie (KIT)
- Dr. Martin Winter, Institut für Hochschulforschung Wittenberg (HoF) der Martin-Luther-Universität Halle-Wittenberg

## > REVIEWER

- Prof. Dr.-Ing. Jürgen Gausemeier, Heinz Nixdorf Institut an der Universität Paderborn/acatech Präsidium (Ltg. des Reviews)
- Prof. Dr.-Ing. Peter Gutzmer, Schäffler & Co. KG
- Prof. i.R. Dr.-Ing. Bernd-Robert Höhn, Forschungsstelle für Zahnräder und Getriebebau an der Technischen Universität München
- Prof. Dr.-Ing. Dr.-Ing. E.h. Dr. h.c. Dr. h.c. Fritz Klocke, Werkzeugmaschinenlabor an der RWTH Aachen
- Prof. Dr. Rolf Schulmeister, Zentrum für Hochschul- und Weiterbildung an der Universität Hamburg

acatech dankt allen Gutachtern. Die Inhalte der vorliegenden Position liegen in der alleinigen Verantwortung von acatech.

## > DANKSAGUNG

acatech dankt Herrn Prof. Dr.-Ing. Dr.-Ing. E. h. mult. em. Hans Kurt Tönshoff (Leibniz Universität Hannover) – auf den initial die Idee einer Untersuchung des „Konstrukteurs von morgen" zurückgeht.

Ebenso sei allen Teilnehmern der elektronischen Befragung sowie den Interviewpartnern für die Unterstützung gedankt.

Ein besonderer Dank geht außerdem an folgende Personen, die an Experten-Workshops teilgenommen und wertvolle Hinweise auf Problemfelder, Ursachen und Lösungsansätze gegeben haben. Das bedeutet nicht unmittelbar, dass sie alle erarbeiteten Empfehlungen in vollem Umfang mittragen. Die persönliche Meinung einer oder mehrerer dieser Personen kann von den Aussagen und Empfehlungen dieses Textes abweichen.

— Prof. Dr.-Ing. Joachim Benner, Fachhochschule Aachen
— Thomas Bronnhuber, Trumpf GmbH + Co. KG
— Marlies Dorsch-Schweizer, Bundesinstitut für Berufsbildung (BIBB)
— Marc Emmert, Daimler AG
— Dr.-Ing. Wolfgang Horn, MAG Industrial Automation Systems
— Prof. Dr.-Ing. Roland Mastel, Hochschule Esslingen
— Dr.-Ing. Jens Ottnad, Trumpf GmbH + Co. KG
— Tobias Pinner, Karlsruher Institut für Technologie (KIT)
— Prof. Dr.-Ing. Martin Reuter, Hochschule Hannover
— Markus Schäfer, Karlsruher Institut für Technologie (KIT)
— Sebastian Schmidt, Karlsruher Institut für Technologie (KIT)
— Ernst-Ulrich Schmitz, Index-Werke GmbH & Co. KG
— Monika Schröder, Hochschulrektorenkonferenz (HRK)
— Dr.-Ing. Gerald Stengele, Licon mt GmbH & Co. KG
— Jürgen Streit, SEW/VDMA AK Konstruktion
— Kai Thomas, tech-solute GmbH & Co. KG

> PROJEKTKOORDINATION

Dr. Mandy Pastohr, acatech Geschäftsstelle

> PROJEKTLAUFZEIT

10/2010 bis 04/2012

Diese acatech POSITION wurde im Juli 2012 durch das acatech Präsidium syndiziert.

> FINANZIERUNG

acatech dankt dem acatech Förderverein für seine Unterstützung.

# 1 EINLEITUNG

Innovationskraft und Hightech-Produkte machen Deutschland zu einer der führenden Industrienationen. Die Entwicklung neuer und verbesserter Produkte wird auch zukünftig eine herausragende Rolle spielen, denn Produktentwicklung und -gestaltung tragen zu Wohlstand, Wirtschaftswachstum und zur internationalen Wettbewerbsfähigkeit Deutschlands bei. Dabei steckt hinter jedem neuen oder an Kundenwünsche angepassten Produkt eine Meisterleistung: Technische Herausforderungen und Bedarfe müssen erkannt werden. Es müssen geeignete technische Lösungen gefunden werden, die dann in ein funktionierendes und industriell herstellbares Produkt weiter entwickelt werden. Kein Entwicklungsprojekt ist wie das andere und mit jedem wird Neuland betreten. Durch immer neue Innovationen bei Werkstoffen, Komponenten und computergestützten Methoden für Entwurf, Berechnung und Validierung verschieben sich auch die Grenzen des Machbaren. So bieten sich den fachlich hochqualifizierten Mitarbeitern immer neue Möglichkeiten der Produktgestaltung. Wer die Potenziale zum Beispiel neuer Produktionsprozesse, neuer Fertigungs- und Montageverfahren oder neue Möglichkeiten der Automatisierung bereits in der Produktentwicklung ausschöpft, hat später am Markt die Nase vorn.

Diese abwechslungsreichen, sich gleichzeitig stetig wandelnden aber verantwortungsvollen Aufgaben werden im Maschinenbau und in der Elektrotechnikindustrie vielfach von Konstrukteuren übernommen. Die Ausbildung von Konstrukteuren steht damit vor großen Herausforderungen: Sie muss dem Wandel der Tätigkeitsfelder und Anforderungen mit angepassten Ausbildungskonzepten begegnen, auf den Umgang mit der stetigen Weiterentwicklung vorbereiten und gleichzeitig attraktiv sein für den potenziellen Konstrukteursnachwuchs. Mit dem Projekt „Konstrukteur 2020" hat sich acatech diesen Herausforderungen gewidmet. In dem Projekt ging es vor allem um das Berufsbild und die Ausbildung von Konstrukteuren an Hochschulen, aber auch um ihre Weiterbildung. Auch wenn zu erwarten war, dass Teile der Ergebnisse und Handlungsempfehlungen genauso auf den Ingenieurberuf im Allgemeinen beziehungsweise auf andere Ingenieurstudiengänge übertragbar sind, standen doch der Konstrukteursberuf und die Konstrukteursaus- und -weiterbildung an Hochschulen explizit im Fokus des Projekts.[3]

Im Projekt „Konstrukteur 2020" wurde zunächst die derzeitige Maschinenbau- und insbesondere die Konstruktionsausbildung an deutschen Hochschulen untersucht. Hierzu wurden eine inhaltsanalytische Untersuchung von Studienordnungen sowie Befragungen von Studiengangverantwortlichen, Studierenden, Absolventen, Industrie- sowie Verbandsvertretern vorgenommen. Dem wurden die Anforderungen der Industrie an moderne Konstrukteure gegenübergestellt – erhoben in Interviews mit Vertretern aus Unternehmen und Verbänden. Anhand der empirischen Ergebnisse wurden dann in Experten-Workshops konkrete Problemfelder, Ursachen und Lösungsansätze herausgearbeitet. Sie bildeten die Basis für die Handlungsempfehlungen zur Verbesserung des Berufsbildes und für eine zeitgemäße und zukunftsweisende Hochschulausbildung sowie Weiterbildung von Konstrukteuren, die den Erwartungen der Industrie Rechnung trägt.

Die vorliegende acatech POSITION stellt die zentralen Thesen und Handlungsempfehlungen des Projekts „Konstrukteur 2020" vor. Die im Projekt durchgeführten Untersuchungen sowie die detaillierten Projektergebnisse sind in der acatech STUDIE „Faszination Konstruktion – Berufsbild und Tätigkeitsfeld im Wandel"[4] dokumentiert.

---

[3] Damit stehen die Ergebnisse des Projekts auch keinesfalls in Konkurrenz zu Studien, die sich dem Ingenieurberuf allgemein oder MINT-Disziplinen (vgl. zum Beispiel Anger et al. 2011; Bargel et al. 2007; Koppel 2011) oder der Umstellung auf Bachelor-/Master-Studiengänge (vgl. zum Beispiel acatech 2006; Schulmeister/Metzger 2011; Winter/Anger 2010) widmen.

[4] Vgl. Albers et al. 2012.

# 2 SIEBEN THESEN ZUR KONSTRUKTEURSAUSBILDUNG UND ZUM BERUF DES KONSTRUKTEURS

1. Die Berufsbezeichnung Konstrukteur ist nicht eindeutig, das Berufsbild ist unscharf.

Was genau macht eigentlich ein Konstrukteur und was sind die an ihn gestellten Anforderungen? Diese Frage wurde im Projekt sowohl Professoren der Konstruktion und Produktionstechnik an Hochschulen, als auch Vertretern aus der Industrie gestellt. Die Professoren sehen den Konstrukteur überwiegend als Entwickler, Treiber und Gestalter eines neuen Produkts. Im Zuge des technologischen Wandels erwarten sie sogar eine noch aktivere Rolle der Konstrukteure bei der Produktentwicklung. Der Konstrukteur wird als kreativer Mensch gesehen, der selbstständig Lösungen beziehungsweise Produkte entwickelt und diese aktiv bis zur endgültigen Umsetzung betreut. Allerdings herrscht unter den Hochschullehrern keinesfalls Einigkeit darüber, was ein Konstrukteur im Detail alles macht und was er dafür braucht. Auch in der Industrie und in den Verbänden gibt es verschiedene Auffassungen zum Berufsbild des Konstrukteurs, wie die Interviews zeigten. Konstrukteur ist also nicht gleich Konstrukteur, und der Begriff hat sich obendrein im Lauf der Zeit gewandelt. Für manche Interviewpartner ist der Produktentwickler die moderne Berufsbezeichnung für den Konstrukteur; sie sind und tun das Gleiche. Die zweite Auffassung ist: Der Entwickler ist die höhere Form des Konstrukteurs; demnach wäre der heutige Konstrukteur das, was früher der Technische Zeichner war – ausgestattet mit einem Rechner und entsprechender Software. Vom Technischen Zeichner (beziehungsweise dem heutigen Technischen Produktdesigner oder Systemplaner) hin zum Produktentwickler würden der Anteil innovativer und kreativer Tätigkeiten und die Position in der Unternehmenshierarchie steigen. Tatsächlich hängt das Aufgabenfeld eines Technischen Produktdesigners oder Systemplaners, Konstrukteurs oder Produktentwicklers vom Unternehmen, seiner Struktur und Größe, vom Grad der Komplexität seiner Produkte und vom Qualifikationsprofil der Mitarbeiter ab. Die Übergänge zwischen den Unternehmensbereichen Zeichnung, Konstruktion und Entwicklung sind in der Realität fließend.

Das unscharfe Berufsbild des Konstrukteurs erschwert das Verständnis von dem Beruf, seine Bewerbung, statistische Erfassung, Untersuchung und die Anpassung und Modernisierung berufsvorbereitender Bildungswege. Es besteht folglich ein großer Bedarf an einer Schärfung und einer praxisrelevanten Beschreibung des Berufsbildes sowie an einer eindeutigen Berufsbezeichnung.

2. Der Konstrukteur steht oft im Schatten seines Produkts und anderer Berufe.

In der Geschichte gab es viele bedeutende Konstrukteure wie Rudolf Diesel, Henrich Focke, Carl Benz und Gottlieb Daimler. Ihre Namen und Produkte sind weltbekannt. Auch heute noch genießen einzelne Konstrukteure hohes Ansehen, etwa im Rennsport. Im Alltag steht der Konstrukteur jedoch oftmals im Schatten seines Produkts und wird eher im Fall eines Konstruktionsfehlers ins Licht gerückt. Davon abgesehen schenken die Medien dem Konstrukteur im Vergleich zu anderen Berufsgruppen wie Ärzten oder Anwälten wenig Aufmerksamkeit. In der öffentlichen Wahrnehmung verschwimmen dadurch häufig die Begriffe Konstrukteur, Maschinenbauer und Ingenieur zu einem diffusen Bild.

3. Im Wettbewerb um Nachwuchs schneidet der Konstrukteursberuf schlecht ab.

Schüler und Studierende haben oftmals keine Vorstellung vom Konstrukteursberuf. Dadurch fällt die Entscheidung bei der Berufswahl selten gezielt auf den Konstrukteur. So wählen beispielsweise Maschinenbaustudenten eher spontan beziehungsweise zufällig die Vertiefungsrichtung

Konstruktion. Denn häufig bieten erst nach den anfänglichen theorie- und grundlagenorientierten Semestern die ersten Konstruktionsübungen oder ein entsprechendes Praktikum Einblick in den Arbeitsalltag eines Konstrukteurs. Informationen zum Beruf fehlen oder kommen erst spät. Im Wettbewerb um talentierten und kreativen Nachwuchs gerät der Beruf Konstrukteur somit eher ins Hintertreffen.

4. Im Studium kommen die Besonderheiten der Konstruktion wie kreative Synthese, echtes Konstruktionswissen, Projektarbeit sowie Praxis- und Produktbezüge zu kurz.

Der Anteil konstruktionsaffiner Inhalte liegt im Bachelor-Studium Maschinenbau je nach Studienort zwischen acht und 24, im Master-Studium zwischen sechs und 47 Prozent. Schwerpunkte, Breite und Tiefe der Wissensvermittlung variieren teilweise erheblich. Dabei ist keine Spezifik eines bestimmten Hochschultyps (Universität vs. Fachhochschule) erkennbar. Vielmehr haben einige Hochschulen im Zuge der Umstellung auf Bachelor- und Master-Studiengänge die konstruktionsaffinen Anteile erhöht, andere hingegen haben den Anteil gleich gehalten oder reduziert. Die Vorbereitung auf eine spätere Konstrukteurstätigkeit fällt also recht unterschiedlich aus.

In der Kritik steht häufig auch der Praxisbezug des Studiums. Dies verdeutlichten - wenn auch nicht konsequent - die in der Studie durchgeführten Interviews mit Studenten, Absolventen und Industrievertretern. Auch die Hochschullehrer beschwören die Bedeutung von Praxisbezügen und praktischen Elementen im Studium. Die überwiegende Mehrheit der befragten Professoren hält Konstruktionsprojekte für die geeignetsten Lehrformate, um erforderliche Fähigkeiten für den Beruf zu vermitteln. Hier kann die Synthesetätigkeit technischer Systeme unter realistischen Randbedingungen - als Basis für die Berufskompetenz - geübt werden. Auch Praktika und Workshops werden hierfür als wichtig erachtet. Die Umsetzung sieht jedoch meist anders aus: Vorlesungen sind noch immer das gängige Lehrformat in der Konstruktionslehre. Sie machen nach Einschätzung der Hochschullehrer rund 40 Prozent der Lehrveranstaltungen aus.

Bemängelt wurde in den Interviews mit Unternehmens- und Verbandsvertretern sowie in den Experten-Workshops auch, dass Disziplinen wie Physik, Elektrotechnik, Mechanik und Thermodynamik im Studium oftmals unverbunden nebeneinanderstehen. Es fehlt der Bezug zur anderen Disziplin oder zu einem konkreten Produkt. Die rein akademischen und fachspezifischen Aufgabenstellungen vermitteln kein Verständnis für den Beitrag der verschiedenen Disziplinen zur Synthese technischer Systeme. Sie unterscheiden sich gravierend von den Arbeitsaufträgen im Beruf, in denen Wissen und Können verschiedener Disziplinen und berufliche Handlungsfähigkeit gefragt sind. Gerade in der Konstruktion eines Produkts laufen die Einzeldisziplinen zusammen und müssen übergreifend angewandt werden. Der Produktbezug ist zugleich der zentrale Motivationsfaktor für eine Konstrukteursausbildung. Konstrukteure identifizieren sich mit ihrem Produkt.

5. Die akademische Ausbildung muss den sich wandelnden Tätigkeiten des Konstrukteurs mit angepassten Ausbildungskonzepten begegnen.

Bereits jetzt zeichnen sich neue Tätigkeitsfelder und veränderte Anforderungen für den Konstrukteur ab. Der Produktentstehungsprozess wird - bedingt auch durch den technischen Fortschritt der Konstruktionshilfsmittel wie CAD (Computer Aided Design), FEM (Finite Elemente Methode) und MKS (Mehrkörpersimulation) - beschleunigt. Ebenso schnell ändern sich aber auch die Software-Varianten und Software-Tools, die Randbedingungen und Möglichkeiten, unter und mit denen ein Konstrukteur arbeitet, die Technikmöglichkeiten und die Produktanforderungen. Gleichzeitig bieten sich ihm ständig neue Gestaltungsmöglichkeiten – getrieben durch die Weiterentwicklung von Werkstoffen und Fertigungstechnologien –, mit denen er den stetig steigenden Produktanforderungen begegnen kann und muss. Zunehmend kann und muss er auch im Rahmen von Kooperationen Teilsysteme anderer Hersteller miteinander koppeln und möglichst intelligent und optimal in sein Gesamtsystem integrieren.

Klassische Konstruktionsfähigkeiten wie räumliches Vorstellungsvermögen, Kenntnisse zu Werkstoffen, Maschinenelementen, Funktionsgruppen, Fertigungs- und Montagetechniken werden auch in Zukunft unverzichtbar sein. Zunehmend werden aber auch Kenntnisse in Informatik, Simulationstechniken, Elektrotechnik und Mechatronik gefragt sein. Aber gerade auch nicht-maschinenbautypische Kenntnisse und Fähigkeiten wie beispielsweise Projekt- und Zielkostenmanagement, Teambuilding, Kreativitätsmethoden und Kompetenzen wie Kommunikations- und Präsentationstechniken werden immer wichtiger. Für die Vermittlung dieser Kompetenzen zusammen mit den Fachkompetenzen müssen vorhandene Lehrformate angepasst und neue Lehrformate gefunden werden.

### 6. Unternehmen haben selbst die Chance, einem Konstrukteursmangel entgegenzuwirken.

Konstrukteure fühlen sich – verglichen mit anderen Ingenieurgruppen im Unternehmen – oftmals benachteiligt. Ihr Beitrag an der Wertschöpfung wird kaum sichtbar in der betrieblichen und außerbetrieblichen Öffentlichkeit. Konstruktionsfehler hingegen sind oftmals direkt dem Konstrukteur zuordenbar und können massive Negativschlagzeilen innerhalb seines Unternehmens oder im schlimmsten Fall auch darüber hinaus erzeugen. Aufstiegsmöglichkeiten sind in der Konstruktion eher gering, nur selten haben Konstrukteure in den Unternehmen Personalverantwortung. Für eine Führungskarriere oder für einen Wechsel der Tätigkeit sind erfahrene Konstrukteure viel zu wertvoll in ihrer innerbetrieblichen Position. Hinzu kommt, dass erfahrene Konstrukteure ihren Beruf mit Leidenschaft ausüben und das Konstruieren anderen Tätigkeiten vorziehen. Die für die Konstruktionstätigkeit notwendige Berufserfahrung und ihr unternehmensspezifisches Fachwissen wirken oftmals wie eine „Karrieresackgasse". Eine Expertenkarriere gleichwertig zur Führungskarriere wird aber ebenso wenig in den Unternehmen realisiert. Ihre Bezahlung finden Konstrukteure allenfalls bei Berufseinstieg gut, danach steigt sie jedoch weniger steil an als bei anderen Berufsgruppen und erreicht früher das Endstadium. Insbesondere im Vergleich mit Kollegen aus dem Vertrieb zeigte sich in den Interviews ein diesbezüglicher Unmut.

### 7. Deutschland steht international im Wettbewerb um die klügsten Köpfe – auch in der Konstruktion.

Um international wettbewerbsfähig zu sein, braucht der Standort Deutschland auch zukünftig eine ausreichende Anzahl hervorragend qualifizierter Konstrukteure. Voraussetzungen hierfür sind eine zeitgemäße, zukunftsweisende und erwartungsgerechte Aus- und Weiterbildung von Konstrukteuren, attraktive Arbeitsbedingungen für in- und ausländische Fachkräfte und ein angemessenes Ansehen des Konstrukteursberufs in der Gesellschaft. Diese Bedingungen müssen nicht nur dem Vergleich mit anderen Berufsgruppen auf nationaler Ebene standhalten, sondern auch dem internationalen Wettbewerb um Bildungspotenziale und Arbeitskräfte.

# 3 EMPFEHLUNGEN

Die deutsche Wirtschaft und ihre Unternehmen werden auch in Zukunft auf die Leistungen hoch qualifizierter Konstrukteure angewiesen sein. Daher gilt es, die Qualität der Aus- und Weiterbildung sicherzustellen und einem Mangel an hoch qualifizierten Konstrukteuren entgegenzuwirken. Hochschulen und Politik müssen hierfür die notwendigen Rahmenbedingungen schaffen und Unternehmen ihrer besonderen Verantwortung nachkommen. Vor diesem Hintergrund spricht acatech folgende Handlungsempfehlungen für eine zeitgemäße und zukunftsweisende Hochschulausbildung sowie Weiterbildung von Konstrukteuren aus.

## 3.1 POLITIK

### Empfehlung 1: Berufsbezeichnung und Berufsbild Konstrukteur schärfen

Das Tätigkeits- und Aufgabenspektrum eines Konstrukteurs ist breit. Teilweise gibt es erhebliche Überschneidungen mit anderen Berufsbezeichnungen, beispielsweise dem Entwicklungsingenieur oder dem Produktdesigner. Die Unschärfe erschwert das Verständnis von dem Beruf, seine Kommunikation und die Anpassung berufsvorbereitender Bildungswege. Ausgangspunkte sollten daher eine eindeutige, differenzierte Bestimmung des Berufsbildes sein, die in der Summe der Vielschichtigkeit des heutigen Konstrukteursbegriffs gerecht wird, und eine „griffige", aber auch zeitgemäße Berufsbezeichnung. Dies kann aber nur in einem koordinierten Prozess geschehen, in dem Experten aus der Bildungspolitik, Forschung, Berufs-, Hochschul- und Weiterbildung, von Industrie und Sozialpartnern sowie der Berufs- und Branchenverbände eingebunden sind.

Beispielsweise könnte in Abgrenzung zum Validierungsingenieur der Begriff des Systemkonstrukteurs im Sinne der modernen Systemtheorie wieder eingeführt werden. In der Tätigkeit des Systemkonstrukteurs liegt der Fokus auf der Synthese. Er plant und gestaltet das System – das komplette Produkt oder eine Baugruppe desselben – und kennt und berücksichtigt die Wechselwirkungen mit Sub- und Supersystemen. Hierfür benötigt er eine wissenschaftliche Qualifikation. Demgegenüber ist der Schwerpunkt des Validierungsingenieurs die Analyse. Der Validierungsingenieur untersucht das System und prüft die Wechselwirkungen mit den Sub- und Supersystemen. Beide bilden die Gruppe der Entwicklungsingenieure.

Abbildung 1: Unterscheidung in Systemkonstrukteure und Validierungsingenieure.

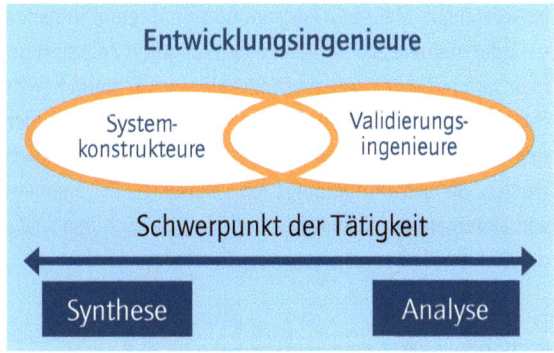

### Empfehlung 2: Frühzeitig für Technik und Konstruktion begeistern

Um das Interesse an Technik und an technischen Berufen zu entwickeln, sind eine frühe Begegnung mit technischen und naturwissenschaftlichen Phänomenen, Schlüsselerlebnisse mit Technik sowie eine kontinuierliche Technikbildung notwendig.[7] Technikbildung sollte flächendeckend entweder in einem eigenen Schulfach oder integriert in den Naturwissenschafts- oder Sachunterricht stattfinden. Gleichfalls bietet sich die Behandlung von technischen und naturwissenschaftlichen Phänomenen auch in anderen Fächern an. In Schulbüchern und Unterricht angeführte

---

[7] Vgl. u. a. acatech/VDI 2009.

ingenieurtechnische Inhalte und Beispiele für technische Berufe können eine kontinuierliche Begegnung mit Technik fördern. Dies kann selbstverständlich nur in Einklang mit anderen Fächern und ihren Lernzielen erfolgen.

Eine frühe Berufsorientierung – beispielsweise für den Beruf des Konstrukteurs – ermöglichen außerdem Schüler- und Studentenpraktika in Konstruktionsabteilungen von Unternehmen, Projektarbeiten in und mit Unternehmen, Unternehmensexkursionen sowie Besichtigungen von Konstruktionsabteilungen. Ziel hierbei muss sein, nicht nur die Abteilung vorzustellen, sondern auch die Begeisterung zu vermitteln, mit der Konstrukteure Neues kreieren. Ebenso ist vorstellbar, Mentoren-Programme zu initiieren, in denen ein oder mehrere Schüler über einen längeren Zeitraum gemeinsam mit einem Ansprechpartner eines Unternehmens (Mentor) verschiedene Unternehmensbereiche kennenlernen. Solche Projekte könnten in die Schulcurricula integriert werden. Sie setzen allerdings ein verstärktes Engagement von Unternehmen, Verbänden und auch der Schulen sowie die Bereitstellung entsprechender Ressourcen voraus.

### Empfehlung 3: Den Konstruktionsberuf stärker bewerben

Ferdinand Redtenbacher – der Begründer des wissenschaftlichen Maschinenbaus – sah im Konstrukteur nicht nur die Verbindung von Wissenschaftler und Handwerker, sondern ebenso einen schöpferischen Künstler.[8] Auch nach 150 Jahren ist diese Einschätzung keineswegs veraltet. Heute wird der schöpferische Aspekt des Konstruierens jedoch selten thematisiert und kommuniziert. Dabei ist es gerade die Freude an der kreativen Gestaltung und an der gedanklichen Abwechslung, weshalb Konstrukteure ihrer Aufgabe mit Leidenschaft nachgehen und dafür meist auf eine Führungskarriere verzichten. Die schöpferische Seite des Berufs sollte in seiner Bewerbung daher stärker herausgestellt werden.

Für die gezielte Ansprache junger Menschen, für die Berufsinformation und -orientierung sind frei verfügbare und zielgruppenadäquate Informationsmaterialien, zum Beispiel webbasiert, sowie ein Marketingkonzept für die Verbreitung des Berufsbildes notwendig. Als Kommunikationskanäle könnten neben den Arbeitsagenturen und Berufsberatungszentren auch Vereine, Verbände und Unternehmen dienen. Die Medien können dazu beitragen, die Popularität des Konstrukteurs in der breiten Öffentlichkeit zu fördern. So fokussieren beispielsweise Fernsehbeiträge auf andere Berufe und Karrierewege. Zu empfehlen ist, die gesamte Vielfalt an Ingenieurberufen und insbesondere auch den Konstrukteursberuf abzubilden. Zum Konstrukteur wären Dokumentationen zu den „Machern von Produkten" oder „Was wäre die Welt ohne Konstrukteure?" denkbar.

## 3.2 HOCHSCHULEN

### Empfehlung 4: Die Kommunikation von Studienangeboten im Bereich Konstruktion verbessern

Die Analyse von Studienordnungen zeigte, dass einige Universitäten und Hochschulen bei der Umstellung auf Bachelor- und Master-Studiengänge die konstruktionsaffinen Anteile im Maschinenbaustudium erhöht, andere hingegen die Anteile gleich gehalten oder gar verringert haben. Insbesondere in den Master-Studiengängen variiert der Anteil konstruktionsaffiner Inhalte zum Teil erheblich zwischen den Einrichtungen und Studiengängen. Die unterschiedlichen Schwerpunktsetzungen werden aber kaum kommuniziert. Sie könnten jedoch eine wesentliche Hilfestellung bei der Wahl des Studienganges oder der Hochschule sein. Entsprechende Vertiefungsrichtungen, Studienangebote oder gar Hochschulprofile (zum Beispiel im Bereich der Schifffahrt, Automobilindustrie, Luftfahrt oder dem Energiesektor) könnten sich als vorteilhaft im Wettbewerb um Studierende erweisen. Folglich müssen die Kommunikation

---

8   Vgl. Redtenbacher 1858.

und die Werbemaßnahmen entsprechender Studienangebote verbessert werden. Diese Profilschärfung trägt zur Klärung des für Studenten angestrebten Berufsbildes bei und ermöglicht Schülern durch eine höhere Transparenz eine leichtere Wahl der geeigneten Hochschule.

**Empfehlung 5: Das Studium berufsqualifizierend gestalten**

**Das Studium an notwendigen Befähigungen und Kompetenzen ausrichten**

Moderne, erfolgreiche Produkte entspringen heute nicht mehr nur einer Disziplin. Vielmehr entscheidet immer das Zusammenspiel zahlreicher Disziplinen über den Produkterfolg. Im Studium werden jedoch viele Studieninhalte disziplinär vermittelt. Es ist wichtig, das Zusammenspiel von Disziplinen in der Anwendung darzustellen und die Ausbildung an den für den Beruf notwendigen Kenntnissen, Befähigungen und Kompetenzen auszurichten. Dazu gehören Fachkenntnisse beispielsweise über Maschinenelemente, Mechanik, Fertigungstechnik, Montage und Mechatronik, aber auch fachübergreifende Kenntnisse und Fähigkeiten wie analytisches Denken, räumliches Vorstellungsvermögen, Kreativität, Problemlösungsfähigkeiten sowie Kenntnisse zu Projektplanung und Kostenrechnung. Entsprechend der unscharfen Berufsbezeichnung „Konstrukteur" existiert kein einheitliches Kompetenzprofil. Einer Umstrukturierung von Studiengängen sollte daher eine Analyse und Definition der Konstrukteurskompetenzen vorausgehen.

Die Modularisierung des Studiums und des Prüfungsbetriebs bietet viele Chancen für ein disziplinübergreifendes und -verbindendes Lernen und für die Herausbildung beruflicher Kompetenzen. Förderlich sind komplexe Beispielsysteme, an denen viele Fachgebiete und deren Zusammenspiel beziehungsweise deren Zielkonflikte erläutert und erlernt werden können. Dies setzt allerdings voraus, dass die Hochschullehrenden verschiedener Disziplinen gemeinsam Anwendungsbeispiele und Prüfungen vorbereiten und sich die Lehrstühle stärker miteinander vernetzen. Auch interdisziplinäre Teams in der Lehre sind empfehlenswert, beispielsweise indem Elektrotechniker und Maschinenbauer gemeinsam im Team lehren und lernen.

**Die Vermittlung der Grundlagen verbessern**

Ein Großteil der im Grundstudium vermittelten Inhalte hat sich in der Vergangenheit nicht oder nur wenig verändert. Sie bilden – unabhängig von Trends und Entwicklungen – das Grundlagenwissen für die spätere Berufstätigkeit. Die Vermittlung dieser Grundlagen im Maschinenbaustudium – insbesondere an den Universitäten – wurde jedoch in vielen Interviews mit Studenten, Absolventen und Industrievertretern kritisiert. Wenn die Praxisrelevanz der Grundlagen nicht erkannt wird, vermindert dies den Lernerfolg und führt im schlimmsten Fall zum Studienabbruch. Eine Anpassung des Grundlagenstudiums – hinsichtlich der Inhalte und besonders hinsichtlich der Vermittlungsformen – kann zu einer Verbesserung der gesamten Ingenieurausbildung und damit auch der Konstrukteursausbildung beitragen. So sollten beispielsweise die Vermittlung von Grundlagen und deren Anwendung in praktischen Übungen parallel im gleichen Semester stattfinden und Präsenzveranstaltungen und Selbststudium durch Aufgaben und Feedback verzahnt werden.

**Lernen lernen**

Die Wunschliste der Industrie für die Konstruktionsausbildung an Hochschulen ist lang. Bei gleich bleibender Studiendauer kann die Vielzahl an zu ergänzenden oder zu vertiefenden Inhalten kaum in das Studium integriert werden. Eine Verlängerung des Studiums widerspricht hingegen den Zielen der Bologna-Reform. Eine Lösung lässt sich in der Formel vom „Lernen lernen" ausdrücken: Studenten werden dazu befähigt, sich neue Kompetenzbereiche eigenständig zu erschließen. Zu empfehlen ist daher, im Studium sowohl

Techniken für die Identifikation zu schließender Wissenslücken als auch für ein eigenständiges Lernen zu trainieren. Ein solcher Ansatz ist allerdings nur dann erfolgreich, wenn die Studierenden auch motiviert lernen. Als wirksam hat sich hierfür neben entsprechenden Lernmethoden vor allem eine geeignete Lehrorganisation erwiesen.[9] Damit muss sich auch die Rolle des Hochschullehrers wandeln: weg vom Lerninhalte vorgebenden Lehrer hin zu einem inspirierenden und unterstützenden Lernbegleiter.

### An den Universitäten die Ausbildung zum Systemkonstrukteur etablieren

Das Universitätsstudium eignet sich in besonderer Weise, wissenschaftlich ausgebildete Systemkonstrukteure herauszubilden. Der Systemkonstrukteur könnte sich unter anderem durch die sichere Anwendung wissenschaftlicher Methoden, die Fähigkeit zur Gestaltung komplexer multidisziplinärer und multiskaliger Produkte und durch Systemkompetenz[10] auszeichnen. Spezielle Vertiefungsrichtungen beispielsweise im Maschinenbaustudium könnten auf die Tätigkeit des Systemkonstrukteurs vorbereiten. Auch ein eigener Studiengang Systemkonstruktion böte sich an. So könnte sich an ein allgemein gehaltenes Bachelor-Studium ein spezifisches Master-Studium zum Systemkonstrukteur anschließen. Die Ausbildung zum Konstrukteur muss dabei stets zukunftsweisend sein und aktuelle gesellschaftliche und politische Themen wie zum Beispiel neue Werkstoffe oder neue Energien aufgreifen.

### Empfehlung 6: Innovative Lehr- und Lernformate im Studium fest verankern

### Teamprojekte in das Studium integrieren

Ob eine Konstruktion erfolgreich ist oder nicht, entscheidet sich erst im Zusammenspiel zahlreicher Details. Ihre Motivation und Erfolge ziehen Konstrukteure nicht aus dem Meistern einer Einzeldisziplin, sondern aus dem funktionierenden fertigen Produkt. Es empfiehlt sich daher, bereits im Studium den kompletten Produktentstehungsprozess eines technischen Systems einschließlich Markt- und Kundenbedürfnisanalyse, Produktdefinition, Simulation, Versuch, Fertigung, Montage, Inbetriebnahme und Produktpflege sowie Service kennenzulernen. Dadurch gewinnt der Studierende einen Überblick über das Tätigkeitsspektrum, wird in wesentlichen Kernkompetenzen der Konstruktion geschult und kann sich mit dem Ergebnis seines Handelns – dem Produkt – identifizieren.

Förderlich sind Projekte in Zusammenarbeit mit Firmen, die auch zu Studien- und Diplomarbeiten (beziehungsweise Bachelor- und Master-Arbeiten) führen könnten. Solche Projektaufgaben bereiten gut auf den Berufsalltag vor, wenn mehrere Studiengänge beteiligt sind. Dies zeigt der Erfolg von Initiativen außerhalb der Lehrpläne wie beispielsweise „Formula Student"[11], andere studentische Entwicklungs-Teams oder studentische Ingenieurbüros. Von der engen Zusammenarbeit zwischen Hochschulen und Industrie profitieren auch die Unternehmen: Sie können frühzeitig potenziellen Fachkräftenachwuchs kennenlernen.

Die systematische Einbindung solcher Maßnahmen in das Studium erfordert eine fächerübergreifende Verständigung über die Bewertung der Leistungen sowie idealerweise ein disziplinübergreifendes Team an betreuenden und bewertenden Hochschullehrenden. Gegenüber dem klassischen Vorlesungsbetrieb implizieren solche Projekte jedoch einen erhöhten Arbeits-, Zeit-, Koordinations- und Ressourcenaufwand für Hochschulen und für Unternehmen. Um derartige Projekte im Rahmen einer akademischen Konstrukteursausbildung zu realisieren, müssen an den Universitäten die dazu notwendigen Strukturen und Randbedingungen wie zum Beispiel ein verbessertes Betreuungsverhältnis geschaffen

---

[9] Siehe hierzu Schulmeister/Metzger 2011.
[10] Systemkompetenz ist die Fähigkeit, ein System zu gestalten und dabei die Wechselwirkungen mit Sub- und Supersystemen zu kennen und zu berücksichtigen.
[11] http://www.formulastudent.de/.

werden. Nur über eine derart systematische Integration der Projektarbeit in das Studium können sich echte Verbesserungen einstellen. Vereinzelte Projekte, die an wenigen Stellen im Studium angeboten werden, sind nicht erfolgversprechend.

### Ziele verändern sich – Frustrationstoleranz[12] schulen

Im Studium gibt es in der Regel definierte Übungsaufgaben und klare Abgabefristen. Häufig existieren zu den Aufgaben Musterlösungen. Gerade im Berufsalltag von Konstrukteuren ist deren praktische Synthesetätigkeit jedoch geprägt von Iterationen und Anpassungen, getrieben durch sich dynamisch verändernde Ziele. Auf diese Arbeitsaufgaben, auf sich verändernde Ziele, auf den Umgang mit einem dynamischen Konstrukteursalltag und eine damit notwendige Frustrationstoleranz muss besonders das Studium zum Konstrukteur besser vorbereiten. Trainieren könnten Studierende dies in realitätsnahen Projekten, in denen nicht alle Informationen von Anfang an zur Verfügung stehen, oder durch offene Aufgabenstellungen, deren Klärung, Variantenmöglichkeiten und Definition den ersten Teil der Aufgabe bilden. Eine derartige Gestaltung von Lern- und Arbeitsaufträgen setzt neben der entsprechenden hochschuldidaktischen Qualifizierung des Lehrpersonals voraus, dass man die Studierenden vorab für die Dynamik von Entwicklungszielen sensibilisiert. Darüber hinaus können solche Aufgaben nur dann sinnvoll bewertet werden, wenn auch der Lösungsweg und nicht allein das Ergebnis in die Beurteilung einfließt. Damit werden auch eine intensivere Betreuung und klar nachvollziehbare Bewertungskriterien für die Beurteilung eines gewählten Lösungswegs notwendig.

### Im Studium Präsentieren lehren und lernen

Um angehende Konstrukteure auf Kommunikations- und Präsentationsaufgaben vorzubereiten, sollten bereits früh im Studium Erfolgserlebnisse und Spaß am Präsentieren vermittelt und Studierende an regelmäßiges Präsentieren gewöhnt werden. Zwar sind Präsentationen durch Studierende vielerorts bereits im Studium enthalten. Sie müssen aber ein kontinuierlicher, fest verankerter und verpflichtender Bestandteil des Studiums werden, für den auch entsprechende Personalressourcen und Unterrichtszeit einzuplanen sind. Neben der Präsentation von Arbeitsergebnissen könnten auch außercurriculare Vorträge wie Präsentationen über den eigenen Studiengang an Schulen angerechnet werden. Weiterhin ist denkbar, das Präsentationsengagement der Studierenden zu fördern, indem durch Präsentationen – integriert in die fachlichen Lehrveranstaltungen und Projektarbeiten – Klausurnoten aufgebessert werden können. Grundlegend hierfür ist allerdings, dass Präsentationsfähigkeiten und -techniken gezielt heraus- und weitergebildet werden, was auch bei den Lehrenden entsprechende Kompetenzen und hochschuldidaktische Vorbereitung voraussetzt.

## 3.3 UNTERNEHMEN

### Empfehlung 7: Stellenausschreibungen mit Bedacht formulieren

Da die Berufsbezeichnung Konstrukteur nicht geschützt und das Berufsbild unscharf ist, bleibt auch unklar, was von Berufseinsteigern in der Konstruktion vom ersten Arbeitstag an erwartet werden kann und was normalerweise erst in der Berufstätigkeit erlernt wird. Dies spiegelt sich in den Stellenanzeigen für Konstrukteure wider. Die darin aufgezählten Anforderungen und verlangte Berufserfahrung scheinen oftmals überzogen zu sein. Das kann abschreckend auf potenzielle Bewerber wirken und hinterlässt ein negatives

---

[12] Die Frustrationstoleranz beschreibt die individuelle Fähigkeit, eine frustrierende Situation über längere Zeit auszuhalten, ohne die objektiven Faktoren der Situation zu verzerren (siehe Stauss et al. 2004). Für Ingenieure ist sie die individuelle Fähigkeit, eine frustrierende (frustratio = Täuschung einer Erwartung) Situation über längere Zeit nicht nur zu ertragen, sondern die Enttäuschung (zum Beispiel sich nachträglich verändernde Ziele oder Randbedingungen) in neue Lösungen umzusetzen. Sie ist insbesondere für Konstrukteure eine wichtige Eigenschaft (siehe Albers et al. 2009).

Berufsimage bei Berufsanfängern. Stellenanzeigen prägen außerdem auch die öffentliche Wahrnehmung einer Berufsgruppe. Dem sollten Unternehmen in ihren Stellenanzeigen Rechnung tragen. Die gewünschten Anforderungen an den Stelleninhaber sollten realistisch und nachvollziehbar formuliert werden. In Stellenausschreibungen sollte beispielsweise klar vermittelt werden, dass ein Konstrukteur nicht von Anfang an alles können muss, sondern dass Lernen im Beruf üblich und auch notwendig ist.

## Empfehlung 8: Konstrukteuren im Unternehmen Wertschätzung und Perspektiven geben

Die Rekrutierung und langfristige Bindung von Konstrukteuren ist eine Schlüsselaufgabe der Unternehmen zur Sicherung ihrer eigenen Wettbewerbs- und Innovationsfähigkeit. Unternehmen selbst haben die Chance, den Beruf des Konstrukteurs und sich als Arbeitgeber für Konstrukteure attraktiv zu gestalten – sei es durch Wertschätzung, finanzielle Anreize, systematische Personalentwicklung und Weiterbildung oder Karriereoptionen. Einige Unternehmen zeigen bereits heute, dass die Leistung ihrer Konstrukteure als wertschöpfende Tätigkeit messbar und damit auch kommunizierbar ist. Beispiele guter Praxis sind unter anderem die Bekanntgabe erfolgreicher Entwicklungs- und Konstruktionsprojekte, von Erfindungsmeldungen und Patentanmeldungen, eventuell inklusive der Arbeitnehmervergütungen, Erfinderehrungen im Betrieb sowie Produktpräsentationen für Fertigung und Vertrieb durch den Konstrukteur. Ebenso könnte das Umsatzvolumen der Produkte, an welchen ein Konstrukteur mitgewirkt hat, transparent dargestellt werden – ähnlich wie bei einem Vertriebsingenieur. Eine derartige Erhöhung der Transparenz steht allerdings immer im Konflikt mit der Wahrung von Personal- und Betriebsgeheimnissen. Hier ist also eine Balance zu finden zwischen Transparenz und Belobigung einerseits und Wahrung von Datenschutz, Wettbewerbsvorteilen und des Betriebsklimas andererseits.

Ebenso sollte es möglich sein, als Konstrukteur im Unternehmen Karriere zu machen. Hier bietet sich die einst propagierte, aber zu selten gelebte Fachkarriere analog zur Führungskarriere an. Die Fachkarriere sollte explizit in die Unternehmensstrukturen integriert werden, sodass Spezialistenstellen verschiedener Qualifikationsebenen vergleichbar mit Stellen mit Personal- und Managementverantwortung gestaltet werden, also ebenso attraktiv sind.

## Empfehlung 9: Kreativität und Methodenkompetenz von Konstrukteuren herausstellen

Neben einer hohen Kreativität gehört Methodenkompetenz zum Kern der Konstrukteurskompetenzen. An den Hochschulen wird bisher im Wesentlichen Methodenwissen wie Konstruktionsmethodik vermittelt. Im Unternehmen werden ausgewählte Methoden, wie das Konstruieren mit einem bestimmten CAD-System oder die Anwendung des PDM-Systems, dann je nach Bedarf erweitert, spezifiziert oder vertieft. Meist erfolgt das „im Prozess der täglichen Arbeit". Die damit erworbene (spezifische) Methodenkompetenz steigert den Mehrwert eines Konstrukteurs im Unternehmen und im Wettbewerb mit Fachkollegen erheblich. Anders als bei werkzeug- und branchenspezifischer Fachkompetenz werden Kreativität und Methodenkompetenz jedoch selten als Lernergebnis, Mehrwert und Vorteil herausgestellt und kommuniziert. Das sollte geändert werden! So könnte die Anerkennung des Konstrukteursberufs verbessert werden, indem kreative Lösungen und spezifische Methodenkompetenzen in Arbeitsplatzbeschreibungen und Arbeitszeugnissen und – sofern notwendig – auch in Stellenausschreibungen herausgestellt werden.

## Empfehlung 10: Neue Weiterbildungsformate etablieren

Gerade in einem Berufsfeld wie der Konstruktion spielt Erfahrungswissen eine große Rolle. Weiterbildung muss an dieses anschließen und neues Erfahrungswissen generieren. Klassische Weiterbildungsformate wie Seminare sind hierfür wenig geeignet. Sie machen für Konstrukteure nur Sinn, wenn sie neue Kenntnisse vermitteln, beispielsweise zu Maschinenrichtlinien, Projektmanagement oder zu neuen CAD-Tools. Um die Kernfähigkeiten eines Konstrukteurs – das Entwerfen, Gestalten und Optimieren von Produkten aus technischer und wirtschaftlicher Sicht – auszubauen und die Potenziale von Erfahrungswissen auszuschöpfen, bietet sich der Austausch mit anderen erfahrenen, eventuell höher qualifizierten Konstrukteuren an, zum Beispiel in Form von Konstruktionsbesprechungen, Qualitätssitzungen oder auch „Reverse-Engineering Workshops"[13]. Dieser Austausch darf aber nicht nur zufällig im Arbeitsalltag erfolgen, sondern muss zielgerichtet, systematisch und regelmäßig stattfinden und in der Summe ein breites Themenfeld adressieren. Ein solches Weiterbildungsformat muss im Betrieb auch als Weiterbildung gelebt und unterstützt werden. Auch die Hochschulen sollten durch entsprechende Angebote ein lebenslanges Lernen unterstützen.

---

[13] Methode zur gezielten Analyse von (Wettbewerbs-)Produkten, um Systemverständnis aufzubauen.

# LITERATUR UND INTERNETQUELLEN

**acatech 2006**
acatech (Hrsg.): *Bachelor- und Masterstudiengänge in den Ingenieurwissenschaften.* (acatech BERICHTET und EMPFIEHLT), Stuttgart: Springer Verlag 2006.

**acatech/VDI 2009**
acatech/Verein Deutscher Ingenieure (Hrsg.): *Nachwuchsbarometer Technikwissenschaften,* München u.a.: Springer Verlag 2009.

**Albers et al. 2009**
Albers, A./Düser, T./Burkardt, N.: *More than Professional Competence – The Karlsruhe Education Model for Product Development (KaLeP),* 2nd International CDIO Conference 2009.

**Albers et al. 2012**
Albers, A./Denkena, B./Matthiesen, S. (Hrsg.): *Faszination Konstruktion – Berufsbild und Tätigkeitsfeld im Wandel.* (acatech STUDIE), Heidelberg u.a.: Springer Verlag 2012.

**Anger et al. 2011**
Anger, C./Erdmann, V./Plünnecke, A.: *MINT-Trendreport 2011,* Köln: Institut der deutschen Wirtschaft Köln 2011. URL: http://www.iwkoeln.de/de/studien/gutachten/beitrag/63391 [Stand: 01.04.2012].

**Bargel et al. 2007**
Bargel, T./Multrus, F./Schreiber, N.: *Studienqualität und Attraktivität der Ingenieurwissenschaften. Eine Fachmonographie aus studentischer Sicht,* Bonn/Berlin: Bundesministerium für Bildung und Forschung 2007. URL: http://nbn-resolving.de/urn:nbn:de:bsz:352-opus-117106 [Stand: 01.04.2012].

**Koppel 2011**
Koppel, O.: *Ingenieurarbeitsmarkt 2010/11 – Fachkräfteengpässe trotz Bildungsaufstieg,* Köln: Institut der deutschen Wirtschaft Köln 2011. URL: http://www.vdi.de/45649.0.html [Stand: 01.04.2012].

**Redtenbacher 1858**
Redtenbacher, F.: „Die Polytechnische Schule". In: Müller, C. F. (Hrsg.): *Die Residenzstadt Karlsruhe: ihre Geschichte und Beschreibung: Festgabe der Stadt zur 34. Versammlung deutscher Naturforscher und Ärzte,* Karlsruhe 1858.

**Schulmeister/Metzger 2011**
Schulmeister, R./Metzger, C. (Hrsg.): *Die Workload im Bachelor: Zeitbudget und Studierverhalten. Eine empirische Studie,* Münster: Waxmann 2011.

**Stauss et al. 2004**
Stauss, B./Schmidt, M./Schöler, A.: „Negative Effekte von Loyalitätsprogrammen – eine frustrationstheoretische Fundierung." In: Meyer, A. (Hrsg.): *Dienstleistungsmarketing: Impulse für Forschung und Management,* Wiesbaden: Deutscher Universitäts-Verlag 2004, S. 297–310.

**Winter/Anger 2010**
Winter, M./Anger, Y.: *Studiengänge vor und nach der Bologna-Reform. Vergleich von Studienangebot und Studiencurricula in den Fächern Chemie, Maschinenbau und Soziologie,* Wittenberg: HoF-Arbeitsbericht 1/2010. URL: http://www.hof.uni-halle.de/dateien/ab_1_2010.pdf [Stand: 01.04.2012].

Internetseiten zu Formula Student Germany. URL: http://www.formulastudent.de [Stand: 01.04.2012].

> BISHER SIND IN DER REIHE acatech POSITION UND IHRER VORGÄNGERIN acatech BEZIEHT POSITION FOLGENDE BÄNDE ERSCHIENEN:

acatech (Hrsg.): *Anpassungsstrategien in der Klimapolitik* (acatech POSITION), Heidelberg u.a.: Springer Verlag 2012. Auch in Englisch als Kurzfassung erhältlich (als pdf) über: www.acatech.de

acatech (Hrsg.): *Die Energiewende finanzierbar gestalten. Effiziente Ordnungspolitik für das Energiesystem der Zukunft* (acatech POSITION), Heidelberg u.a.: Springer Verlag 2012. Auch in Englisch erhältlich (als pdf) über: www.acatech.de

acatech (Hrsg.): *Biotechnologische Energieumwandlung in Deutschland. Stand, Kontext, Perspektiven* (acatech POSITION), Heidelberg u.a.: Springer Verlag 2012. Auch in Englisch als Kurzfassung erhältlich (als pdf) über: www.acatech.de

acatech (Hrsg.): *Mehr Innovationen für Deutschland. Wie Inkubatoren akademische Hightech-Ausgründungen besser fördern können* (acatech POSITION), Heidelberg u.a.: Springer Verlag 2012. Auch in Englisch erhältlich (als pdf) über: www.acatech.de

acatech (Hrsg.): *Georessource Wasser – Herausforderung Globaler Wandel. Ansätze und Voraussetzungen für eine integrierte Wasserressourcenbewirtschaftung in Deutschland* (acatech POSITION), Heidelberg u.a.: Springer Verlag 2012. Auch in Englisch erhältlich (als pdf) über: www.acatech.de

acatech (Hrsg.): *Future Energy Grid. Informations- und Kommunikationstechnologien für den Weg in ein nachhaltiges und wirtschaftliches Energiesystem* (acatech POSITION), Heidelberg u.a.: Springer Verlag 2012. Auch in Englisch erhältlich (als pdf) über: www.acatech.de

acatech (Hrsg.): *Cyber-Physical Systems. Innovationsmotor für Mobilität, Gesundheit, Energie und Produktion* (acatech POSITION), Heidelberg u.a.: Springer Verlag 2011. Auch in Englisch erhältlich (als pdf) über: www.acatech.de

acatech (Hrsg.): *Den Ausstieg aus der Kernkraft sicher gestalten. Warum Deutschland kerntechnische Kompetenz für Rückbau, Reaktorsicherheit, Endlagerung und Strahlenschutz braucht* (acatech POSITION), Heidelberg u.a.: Springer Verlag 2011. Auch in Englisch erhältlich (als pdf) über: www.acatech.de

acatech (Hrsg.): *Smart Cities. Deutsche Hochtechnologie für die Stadt der Zukunft* (acatech bezieht Position, Nr. 10), Heidelberg u.a.: Springer Verlag 2011. Auch in Englisch erhältlich (als pdf) über: www.acatech.de

acatech (Hrsg.): *Akzeptanz von Technik und Infrastrukturen* (acatech bezieht Position, Nr. 9), Heidelberg u.a.: Springer Verlag 2011.

acatech (Hrsg.): *Nanoelektronik als künftige Schlüsseltechnologie der IKT in Deutschland* (acatech bezieht Position, Nr. 8), Heidelberg u.a.: Springer Verlag 2011.

acatech (Hrsg.): *Leitlinien für eine deutsche Raumfahrtpolitik* (acatech bezieht Position, Nr. 7), Heidelberg u.a.: Springer Verlag 2011.

acatech (Hrsg.): *Wie Deutschland zum Leitanbieter für Elektromobilität werden kann* (acatech bezieht Position, Nr. 6), Heidelberg u.a.: Springer Verlag 2010.

acatech (Hrsg.): *Intelligente Objekte – klein, vernetzt, sensitiv* (acatech bezieht Position, Nr. 5), Heidelberg u.a.: Springer Verlag 2009.

acatech (Hrsg.): *Strategie zur Förderung des Nachwuchses in Technik und Naturwissenschaft. Handlungsempfehlungen für die Gegenwart, Forschungsbedarf für die Zukunft* (acatech bezieht Position, Nr. 4), Heidelberg u.a.: Springer Verlag 2009. Auch in Englisch erhältlich (als pdf) über: www.acatech.de

acatech (Hrsg.): *Materialwissenschaft und Werkstofftechnik in Deutschland. Empfehlungen zu Profilbildung, Forschung und Lehre* (acatech bezieht Position, Nr. 3), Stuttgart: Fraunhofer IRB Verlag 2008. Auch in Englisch erhältlich (als pdf) über: www.acatech.de

acatech (Hrsg.): *Innovationskraft der Gesundheitstechnologien. Empfehlungen zur nachhaltigen Förderung von Innovationen in der Medizintechnik* (acatech bezieht Position, Nr. 2), Stuttgart: Fraunhofer IRB Verlag 2007.

acatech (Hrsg.): *RFID wird erwachsen. Deutschland sollte die Potenziale der elektronischen Identifikation nutzen* (acatech bezieht Position, Nr. 1), Stuttgart: Fraunhofer IRB Verlag 2006.

> **acatech – DEUTSCHE AKADEMIE DER TECHNIKWISSENSCHAFTEN**

acatech vertritt die Interessen der deutschen Technikwissenschaften im In- und Ausland in selbstbestimmter, unabhängiger und gemeinwohlorientierter Weise. Als Arbeitsakademie berät acatech Politik und Gesellschaft in technikwissenschaftlichen und technologiepolitischen Zukunftsfragen. Darüber hinaus hat es sich acatech zum Ziel gesetzt, den Wissenstransfer zwischen Wissenschaft und Wirtschaft zu erleichtern und den technikwissenschaftlichen Nachwuchs zu fördern. Zu den Mitgliedern der Akademie zählen herausragende Wissenschaftler aus Hochschulen, Forschungseinrichtungen und Unternehmen. acatech finanziert sich durch eine institutionelle Förderung von Bund und Ländern sowie durch Spenden und projektbezogene Drittmittel. Um die Akzeptanz des technischen Fortschritts in Deutschland zu fördern und das Potenzial zukunftsweisender Technologien für Wirtschaft und Gesellschaft deutlich zu machen, veranstaltet acatech Symposien, Foren, Podiumsdiskussionen und Workshops. Mit Studien, Empfehlungen und Stellungnahmen wendet sich acatech an die Öffentlichkeit. acatech besteht aus drei Organen: Die Mitglieder der Akademie sind in der Mitgliederversammlung organisiert; ein Senat mit namhaften Persönlichkeiten aus Industrie, Wissenschaft und Politik berät acatech in Fragen der strategischen Ausrichtung und sorgt für den Austausch mit der Wirtschaft und anderen Wissenschaftsorganisationen in Deutschland; das Präsidium, das von den Akademiemitgliedern und vom Senat bestimmt wird, lenkt die Arbeit. Die Geschäftsstelle von acatech befindet sich in München; zudem ist acatech mit einem Hauptstadtbüro in Berlin und einem Büro in Brüssel vertreten.

Weitere Informationen unter www.acatech.de

> **Die Reihe acatech POSITION**

In dieser Reihe erscheinen Positionen der Deutschen Akademie der Technikwissenschaften zu technikwissenschaftlichen und technologiepolitischen Zukunftsfragen. Die Positionen enthalten konkrete Handlungsempfehlungen und richten sich an Entscheidungsträger in Politik, Wissenschaft und Wirtschaft sowie die interessierte Öffentlichkeit. Die Positionen werden von acatech Mitgliedern und weiteren Experten erarbeitet und vom acatech Präsidium autorisiert und herausgegeben.

MIX
Papier aus verantwortungsvollen Quellen
Paper from responsible sources
FSC® C105338

If you have any concerns about our products,
you can contact us on
**ProductSafety@springernature.com**

In case Publisher is established outside the EU,
the EU authorized representative is:
**Springer Nature Customer Service Center GmbH
Europaplatz 3, 69115 Heidelberg, Germany**

Printed by Libri Plureos GmbH
in Hamburg, Germany